U0158699

湖北省地质局"湖北地学科普丛书—黄石地矿科普研学（KJ2020-2）"项目资助
湖北省地质科学研究院（湖北省富硒产业研究院）项目成果

黄石地矿科普之旅

HUANGSHI DIKUANG KEPU ZHI LÜ

刘述德　赵璧　李红军 著

中国地质大学出版社
ZHONGGUO DIZHI DAXUE CHUBANSHE

图书在版编目(CIP)数据

黄石地矿科普之旅/刘述德，赵璧，李红军著.—武汉：中国地质大学出版社，2023.6

ISBN 978 – 7 – 5625 – 5617 – 6

Ⅰ.①黄… Ⅱ.①刘…②赵…③李… Ⅲ.①区域地质 – 地质学 – 黄石 – 青少年读物②矿产 – 黄石 – 青少年读物 Ⅳ.①P562.633 – 49②P617.263.3 – 49

中国国家版本馆CIP数据核字（2023）第100248号

黄石地矿科普之旅	刘述德 赵 璧 李红军 **著**

责任编辑：周 豪 选题策划：毕克成 张 旭 责任校对：何澍语

出版发行：中国地质大学出版社(武汉市洪山区鲁磨路388号)

邮政编码：430074　　　　　　　电　话：（027）67883511

经　销：全国新华书店　　　　　http://cugp.cug.edu.cn

传　真：（027）67883580　　　E – mail:cbb@cug.edu.cn

开本：787毫米×1 092毫米　1/32　　字数：84千字　印张：3.875

版次：2023年6月第1版　　　　　　印次：2023年6月第1次印刷

印刷：湖北睿智印务有限公司

ISBN 978 – 7 – 5625 – 5617 – 6　　　　　　定价：28.00元

　　地质工作是国民经济建设的一项基础性工作，在能源矿产、工业建设、农田水利、生态环境等方面均起到了不可替代的作用。湖北省地质工作历史悠久，成绩斐然。湖北省内各地欣欣向荣的建设局面，离不开湖北地质人的辛勤付出和无私奉献。但是，由于地质工作基础性、公益性的行业特点，其成果并不为社会大众所熟知。社会大众与地质行业和地质工作者的接触机会不多，对地质工作的环境、内容缺乏了解，对整个行业感到陌生，这与新时期地质工作转型发展整体要求极不匹配。

　　为更好地宣传湖北地质工作的成就与风采，培育社会大众对湖北地质工作的熟悉度与认同感；同时为践行地质工作供给侧结构性改革的具体要求，拓宽地质工作服务领域，提供更多元化的地质产品，湖北省地质局出资编撰出版了本书。

　　本书以世界地矿名城——湖北省黄石市为切入点，选择最能凸显黄石特色的地质资源，讲述它们背后的发现故事、蕴含的科学原理。全书共分五章，分别以"探秘岩溶""火山奇遇""聆听海洋""邂逅远古生命""寻宝之旅"为主题，逐章介绍了黄石岩溶地貌、火山岩、沉积岩、古生物以及矿产，并在各章中穿插知识链接，扩宽读者的知识面。此外，本书还附有"玩转黄石"地矿科普研学手册。使用本书在黄石各地开展研学活动，仿佛跟随地质学家一起在山野田间进行科学考察，在潜移默化中感受黄石"沧海桑田"的地质演变、生物进化历程，并能够为读者建立一个清晰完整的地学入门知识框架，培养他们热爱自然、探索自然的兴趣和技能。

本书是由湖北省地质局部署实施，湖北省地质科学研究院（湖北省富硒产业研究院）具体承担的"湖北地学科普丛书—黄石地矿科普研学（KJ2020-2）"项目成果，同时引用了大量"黄石市地质遗迹调查评价（ZQLY-DL-201702095CG）"项目资料，是集体智慧的结晶。

其他参与本书编写的人员包括：王镝、武思琴、朱文晶、谭秋明、曾芳、刘汉生、安雨薇、周冰洋、陈帅、罗威、陈刚、邹亚锐、陈小龙、李姜丽等。本书中部分图片由谭秋明、陈刚提供，部分图片源于网络或根据网络素材修改而成，相关图片无法逐一注明来源，在此表示歉意，并对上述所有为本书提供图片素材和付出努力的人员表示衷心的感谢！

湖北有一座可爱的城市，它的名字叫黄石。黄石坐落在长江中游南岸，北面与巍巍大别山隔江相望，东、西面分别面向长江中下游平原和江汉平原，向南则是延绵的幕阜山系。黄石就是这样一方在长江臂弯护佑下的"风水宝地"。

黄石除了是一座"江城"外，还是一座名副其实的"山城"和"湖城"。黄石境内多山，较大的有东方山、黄荆山、云台山、父子山、七峰山等，最高峰为阳新境内的南岩岭，海拔862米，次高峰为大冶太婆尖，海拔839米。这些山脉大多呈东西向展布，将黄石的地面分隔成几个狭长的盆地。山间盆地中静卧着磁湖、大冶湖、网湖等大小数十个湖泊。山湖相依正是黄石最典型的地貌和气韵。

黄石有著名的国家矿山公园和矿物博览园，每年的秋季，还要举办"矿物晶体奇石博览会"。所以说，黄石不仅有秀丽的自然风光，还是一座名副其实的地矿名城。这里的每一座山、每一片水都蕴含着神

长江黄石段沿岸多山，造就曲折蜿蜒的河道形态

奇的地球谜语。黄石的大地在很久以前曾是一片汪洋大海，海洋里生活着各种各样奇奇怪怪的生物；后来的一段日子里，这里又变成火的领地，炽热的岩浆裹挟着热汽，喷发得足有几百米高。而正是这"水与火的碰撞"造就了黄石"百里黄金地，江南聚宝盆"的丰富矿产资源。所有的这一切，都与现在这座山清水秀的城市那么不同，它们都化成了一本本地球的密码书，记录在我们脚下的石头里。

地球隐藏了多少秘密啊，它又蕴含着多么深刻的道理！它足足有

46亿岁了。我们一个人的生命在它面前是多么短暂和渺小。但是我们却又那么伟大，因为我们可以透过一点点的线索，窥见地球"沧海桑田"的变迁历史，这就是科学的魔力。读者朋友们，研究地球是最了不起的学问，它可以给我们一张穿越时空的"魔毯"。我已经迫不及待了，让我们一起来开启这趟探秘地球的旅程吧……

山岭之下依偎着盆地，是黄石典型的地貌特征

C 目录

Contents

第一章

探秘岩溶

第一节　初识岩溶桃花洞

"西塞山前白鹭飞，散花洲外片帆微，桃花流水鳜鱼肥。自蔽一身青箬笠，相随到处绿蓑衣，斜风细雨不须归。"宋代大词人苏轼的传世名篇描写的正是黄石市西塞山一带的风景。西塞山，又名黄石山、矶头山，横亘于黄石北部的黄荆山脉以东，海拔 176 米，其名来自北魏时期的著名地理学专著《水经注》。书中记载："黄石山连迤江侧，东山偏高，谓之西塞。"

登上西塞山，你会发现山体上生长着许多嶙峋的石芽，这是一种被称为"岩溶地貌"的景观。岩溶，也叫喀斯特，它是由可溶性的岩石在水的化学溶蚀、冲刷以及崩塌等作用之下形成的地貌类型。西塞山就是由这种可溶性的灰岩和

苏轼诗词

白云质灰岩构成的，在临江一面的山体下部常年遭受风吹浪打，导致山体表面形成了孔洞和贯连内部的管道。现存的孔洞要数桃花古洞最为典型。桃花古洞是一个双洞口的小型溶洞，洞高约 3 米，进深 2 米。这些孔洞垮塌以后形成崖壁，长此以往，山体逐渐后缩，从而造就了西塞山临江一侧的悬崖峭壁。西塞山临江而立，险峻的地势使西塞山自古即为兵家要塞之一，留下了许多的传说与故事。

知识链接：什么是可溶岩？

可溶岩是指可以被水溶滤的岩石。在自然界中，比较常见的可溶岩主要包括灰岩和白云岩，以及由它们变质而成的大理岩等。它们大多为灰色、灰白色等，质地较脆、硬度较大。灰岩和白云岩的外貌很相似，但白云岩以白色居多，表面常发育类似刀砍状的花纹。灰岩的可溶性强于白云岩，如果用稀盐酸滴在这两种可溶岩上，质地较纯的灰岩会强烈起泡，而白云岩除非被锤碎至粉末状，否则起泡轻微，这也是地质工作者在野外分辨两者时常使用的方法。

西塞山前白鹭飞（图片源于网络）

西塞山上的石芽

桃花古洞

第二节 父子寻踪现漏斗

父子山位于阳新县境内，主峰海拔 791 米，是黄石地区的第三高峰。传说是为了纪念为母采药、遇险失踪的邵氏父子，故名父子山。父子山的上部是由灰岩和白云岩组成的，因而发育了各式各样的岩溶景观。在父子山主峰的南坡有一大片石芽林，远远看去，只见石芽嶙峋，阵列整齐，好像牧羊人正赶着庞大的羊群走下山坡。更令人惊叹的是，在这些石芽之间还密集分布着多个大型的岩溶漏斗，最大的漏斗直径超过 150 米，较小的也在 50 米以上。漏斗中心常常形成落水洞，但多被浮土、滚石和杂草遮挡。曾有人将谷壳倒入落水洞中，不久后竟发现漂浮着谷壳的流水从父子山下的洞口流出。由此可见，这些洞穴之间是相互连通的，而传说中父子失踪的地方，可能就是落水洞贯连的山体内部复杂曲折的岩溶管道。因此，如果在野外遇到了陌生的洞穴，千万不要单独进入，否则可能存在迷路的危险。

险峻挺拔的父子山

父子山顶的岩溶漏斗

发育岩溶景观的山峰在黄石还有很多，例如东角山的石芽是由大理岩构成的，它们色泽洁白，温润如玉，优质石材中的汉白玉的主要成分就是这种岩石。这些石芽四处散落，形似各种动物，生动有趣、惟妙惟肖。其中一个由岩溶穿孔而成，真好似一个拴牛鼻的"拴牛石"。

大理岩构成的石芽，色泽洁白，温润如玉

父子山上栩栩如生的石芽

父子山拴牛石

第三节　地下迷宫石泉洞

石泉洞位于阳新县枫林镇仙人台南麓，因洞口出水如泉涌且源源不断而得名，又因为洞形像一间房屋，又名石屋泉洞。整个石泉洞已探明的长度达到了1 600余米，洞道走向总体为北东向，可以分成上、中、下三段，其中洞穴的上段崩塌滚石较多，下段暗河水势较大，而中段则是观赏岩溶景观的绝佳区段。在洞穴四壁布满了各种各样的石钟乳、石笋、石帘和石幔。石笋通体雪白，晶莹剔透，十分优美动人。

石泉洞上游汇水区有一个岩溶洼地，洼地西南角有一落水洞，深数十米，形成瀑布，隆隆作响，极具气势。根据专家推测，岩溶洼地与石泉洞的形成具有十分密切的关系，就像前文提到的父子山一样，是由洼地汇集的地表水为石泉洞提供了水源而形成。

石泉洞内部

石泉洞岩溶景观

石泉洞洞口

知识链接：地下河与溶洞

　　地下河亦称地下暗河，是由地下的可溶岩被溶蚀而成的廊道、溶洞等组成的一个复杂的地下管道系统。地下河是地表水和地下水汇集和排泄主要的通道。在岩溶地区，地表水通过岩层中的裂隙不断下渗、溶蚀，形成落水洞并在地下汇聚，最终形成地下河。随着地壳运动，地形高差变大，河流下切作用加强，导致地下洞室变大；如果地壳继续上升，地下水位下降，则可能形成无水的地下溶洞。

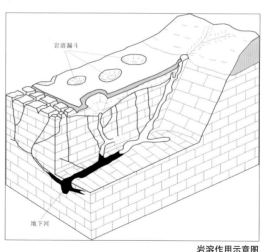

岩溶作用示意图

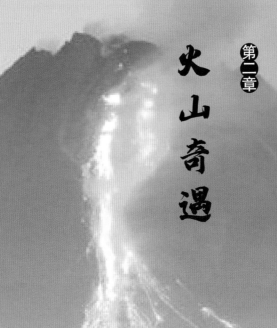

第二章 火山奇遇

第一节　小雷山上观"石浪"

除了岩溶景观以外，黄石还是一座古火山十分发育的城市，其中最典型的古火山地貌位于小雷山风景区。它位于大冶市陈贵镇附近，海拔204米，山顶上有一座高耸入云的古佛塔，名为雷峰塔。据科学家研究，小雷山的整座山体都是由距今1亿多年前的古火山熔岩构成的。地质学家通过分析小雷山古熔岩的流动方向，推测当时的火山口位于北部，而向南流动的岩浆形成了厚厚的火山岩层。此后，再经过数千万年

的剥蚀和风化作用，火山岩层在水和重力的协同作用下，演化成各种崖、嶂、岩、台、洞景观，山奇石怪，风景别致。最有代表性的景观包括石浪、天门八戒等。

石浪位于小雷山古刹西北侧，为一长形石山，突兀挺拔。由于熔岩的层层堆叠，火山岩层在水平层间形成性质的差异，后在风化作用下演化成景，即石浪景观。自东向西看，石浪南北横亘于山冲要道间，犹如城墙；自南向北看，石浪上部开阔地段曲石千层，波涛滚滚，犹如激浪。天门八戒则是一处岩洞景观，洞口呈圆形，一人可过，是小雷山上部山体岩石崩解垮塌、在坡麓附近堆叠形成的。

石浪

天门八戒

知识链接：什么是火山？什么是岩浆？

简单来说，火山就是岩浆喷出地表的出口，一般由熔岩和火山碎屑堆叠而形成锥形的地貌。而岩浆是指在地下呈熔融状态的流体，当岩浆喷出地表后，则被称为熔岩。岩石的熔融需要很多苛刻的条件，只有在地下的某些特殊位置，符合相应的温度、压力等条件才会发生。

岩浆是一种极高温和黏稠的物质，它的温度通常可以达到几百摄氏度甚至更高。岩浆黏稠的特性被称为黏度，它决定了岩浆流动的快慢。

火山（图片源于网络）

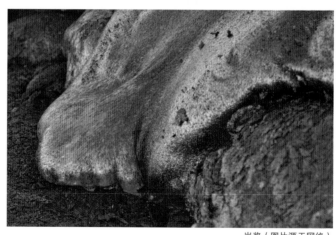

岩浆（图片源于网络）

第二节　沼山节理有名堂

除了小雷山以外，黄石的古熔岩山体还有很多，如位于灵乡镇的宫台山，主峰海拔 304.7 米，整个山体由一种被称为"流纹岩"的火山岩组成。它颜色赤红，山峰突起，宛如一口大钟倒扣在周边低矮的丘陵之间。宫台山因山势奇特、景色多姿，被列为黄石大冶地区"三台八景"之一。

此外，古熔岩山体还有位于黄石市大冶市保安镇西南部的沼山。因岩下有沼，清澈可鉴，故名沼山。沼山主峰海拔 418.5 米，群峰环绕，山上层峦叠翠，林木茂密。组成沼山的是一种被称为"安山岩"的火山岩，因其大量发育于美洲的安第斯山脉而得名。

在沼山西侧有一处由火山岩形成的平台，岩石崩解形成陡崖，其中发育一种独特的柱状节理景观，柱体大多呈多边形棱柱，节理面平直而且相互平行，十分规整壮观。这些柱状节理是在岩浆快速冷却时因体积收缩而形成的，是火山岩中一种常见的构造。

宫台山紫红色火山岩山体

沼山溶岩中发育的柱状节理

第三节　盘茶湖边怪"石蛋"

除了上文提到的安山岩、流纹岩以外，在大冶市保安镇沼山北侧的盘茶湖水库边，地质工作者还发现了一些更加奇特的火山岩。它们圆滚滚的，大的如排球，小的不到一个乒乓球的大小，外形呈纺锤形、圆球形及红薯形等。仔细观察这些"石蛋"的表面，可以发现一些旋转的沟棱、凹坑和裂纹，有的红薯形"石蛋"两端还存在一些短小的柄把。敲开这些"石蛋"，里面呈现出一圈一圈的环状结构，最中心部位常见漂亮的"晶洞"。这些"石蛋"被称为球泡构造，是熔岩中的大量气体聚集形成的一种空腔，被后期的矿物填充所致。

包裹这些"石蛋"的岩石主要为球粒流纹岩，是酸性火山岩的一种，常具有独特的球粒结构，具有放射状和同心环状裂纹，看起来就像一串串的葡萄。除了它们以外，盘茶湖还发现了许多其他类型的火山岩，包括黑曜岩、流纹岩等。

知识链接：什么是火山岩？火山岩有哪几种类型？

　　火山岩是岩浆喷出地表以后冷却而成的岩石。由于岩浆化学成分的不同或火山环境的差异，火山岩有多种类型。其中，最常见的是以岩石中二氧化硅的含量差异，将火山岩划分为基性岩、中性岩和酸性岩等。

盘茶湖火山岩剖面呈现出斑斓的色彩

盘茶湖发现的火山岩球泡构造

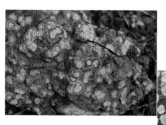

盘茶湖球粒流纹岩，形似一串串的葡萄

盘茶湖各色各样的火山岩

第四节　鄂州熔岩气孔藏

在黄石市阳新县的排市—浮屠公路两侧，地质工作者还发现了另外一种火山岩，它与前文提到的流纹岩等酸性岩不同，是一种被称为"玄武岩"的基性火山岩。这种岩石通体呈灰黑色，是由其中所含的矿物成分大多为暗色矿物所致，而酸性火山岩则主要由浅色矿物组成。

在这些玄武岩的表面还经常见到气孔构造，使整块岩石看起来就像日常生活中常见的吸水海绵。这些气孔一般呈椭圆形，长轴指示熔岩流动的方向，直径从几毫米到几厘米不等，如果被后期的物质充填，则形成杏仁构造。不管是气孔构造还是杏仁构造，它们的成因都是岩浆喷出地表后，由于压力骤降，其中包含的气体从熔岩中逸出。

率州玄武岩，岩石表面布满了大小不一的气孔

知识链接：火山是如何喷发的?

岩浆会在地球深处特定的部位形成，而后会聚集在地下一个叫做"岩浆房"的地方，随着压力增大，聚集的岩浆会循着地下裂隙向地表运移。同时，岩浆形成的高温和压力也促使覆盖在上面的岩层破裂和崩塌，逐渐形成了一条自下而上的通道，使岩浆更容易向上涌动。由于岩浆黏度不同，一般来说酸性的岩浆流动较慢，在上涌过程中还未到达地表就已经开始结晶，这样的岩浆岩被称为侵入岩；而基性的岩浆流动较快，容易顺着通道来到地表喷涌而出，这就是火山喷发现象。酸性的喷出岩也很常见，如前文提及的流纹岩。

不同的火山之间喷发类型差别很大：有的火山像一个性格狂野的小伙子，一旦喷发就会产生直冲云霄的气体、灰尘和熔岩渣，这些熔岩和碎屑堆积形成火山锥；而另外有一些火山则像一个性格文静的小姑娘，只会安静的流淌出熔岩流；还有一些类型的火山像虚弱无力的老太太，岩浆就像挤牙膏一样被缓慢地挤出火山通道，形成一些岩穹、岩钟和岩针等火山岩地貌。

黄石的火山岩岩钟

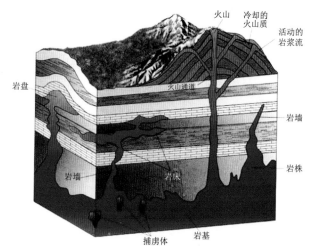

火山　冷却的
　　　火山质

活动的
岩浆流

岩盘

火山通道

岩墙

岩墙

岩床

岩株

捕房体

岩基

岩浆作用示意图（图片源于网络）

知识链接：**环太平洋火山－地震带**

环太平洋火山－地震带全长 40 000 千米，呈马蹄形围绕着整个太平洋，从东亚的堪察加半岛、日本列岛，东南亚的菲律宾群岛，一直延伸到南、北美洲的科迪勒拉山和加利福尼亚。在这条带上，分布着一系列的海沟、岛屿和火山，地质运动十分剧烈。根据统计资料，这条带一共存在 512 座活火山，集中了世界上 90% 的火山和 80% 的地震，每小时都会发生一次地震或者爆发一次火山，威胁着全世界将近三分之一的人口安全。

　　这个环形地区的火山活动频繁与地球自身的构造运动密不可分，科学家们把这种运动称为"板块运动"，这是地球科学中最重要的和应用最广泛的理论。

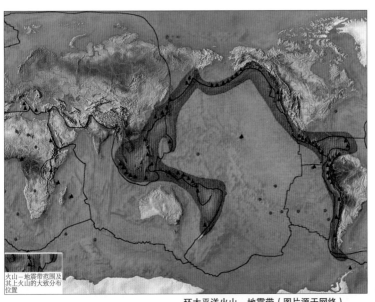

火山—地震带范围及其上火山的大致分布位置

环太平洋火山－地震带（图片源于网络）

第三章

聆听海洋

第一节　有套地层名"大冶"

黄石的奇珍异宝很多都产于黄石市大冶市。大冶地区矿产资源极为丰富，矿冶文化历史悠久，"大冶"的名称即来自古籍经典《庄子》中"大地为大炉，造化为大冶"，取"大兴炉冶"而得名。

大冶与地矿的渊源如此悠久，即使到了近现代，大冶仍然是我国地矿事业发展的一片热土，大批的地质工作者曾经踏遍大冶的山山水水，留下了传奇的地质故事。1925年，地质学家谢家荣将大冶地区广露地表的一套灰岩命名为"大冶石灰岩"，命名剖面位于大冶铁矿区附近。

目前所称的"大冶组"是指形成于早三叠世的一套以薄层灰岩夹页岩为主的地层。这种沉积岩形成的环境一般在浅海，也就是说，现今大冶组分布的地区，在很久以前曾经被一片浅浅的海水覆盖着。

大冶组地层剖面，像一摞摞堆叠起来的书籍

第二节　岩层表面波涛显

　　黄石地区的大冶组是在浅海条件下沉积形成的，这样的结论是如何得来的呢？那是因为地质学家在地层中发现了相关的证据：例如在岩层中找到一种丘状交错层理，看起来就像是浅海中翻卷的水波浪。近期，地质工作者还在大冶市保安镇沙田村的大冶组地层中发现了巨型的波痕构造，出露面积在100平方米以上，平均波长达到1米左右，波幅达到几十厘米，可见当时的风浪规模之大。从波痕的形态观察，波痕形态不对称，迎流面缓、背流面陡，波脊形态微弯曲、波峰圆滑，推测为形成于一定水深且水流速度较慢的古海洋环境。根据目前公开报道的资料，波长超过1米的大型波痕遗迹在国内并不多见，被称为"波痕博物馆"的河南新乡黛眉山世界地质公园内，波痕的波长也一般在10厘米之下，面积不超过50平方米。因此，黄石大冶地区发现的巨型波痕是非常罕见的，具有很高的科学研究价值。

大冶组地层中的波痕构造

知识链接：什么是沉积岩？什么是地层？

沉积岩是我们在日常生活中最常见的一种岩石。我们之前已经了解了火山岩是由地下的岩浆冷凝、结晶而成；而沉积岩的成因和形成环境则大不相同，它们是在近地表的条件下，由先前存在的岩石经过风化、剥蚀和其他作用形成的碎屑和溶解物，再经过搬运、

层理就像书籍的书页，记录了许多地球历史的故事

黄石大冶组灰岩中发育的羽状交错层理

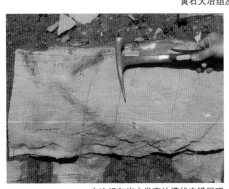

大冶组灰岩中发育的槽状交错层理

压实、成岩等一系列的变化最后形成的岩石。

与沉积岩相关的一个概念是"地层"。简单来说，地层是日积月累形成的一大套沉积岩。当老的沉积岩形成以后，新搬运来的碎屑物质又压盖在上面，经过千万年的时间，沉积岩越来越厚。这样一大套的沉积岩就叫做"地层"。

地质工作者判断大冶组是在浅海中形成的，所依靠的证据之一就是在这个组的地层中发现了丘状交错层理。层理是沉积岩最重要的性质，它是沉积物在向上堆叠的过程中，由于成分、结构等的不同，而在垂向上显示出来的层状外貌。层理的样式多种多样，它们都与沉积时的水流强弱密切相关。最常见的一种层理叫做"水平层理"，具有这种层理的通常是一些粒度非常细小的沉积岩，地质学上称为"泥岩"或者"粉砂岩"。用手触摸这些沉积岩的表面，不会有颗粒凹凸糙手的感觉，而是觉得比较平滑。水平层理的纹层呈平直的形态，而且相互之间平行，纹层的厚度通常很小，只有 1 毫米左右，像极了一本书的书页。如果我们见到这样的层理，就大致可以推断这种沉积岩形成在水流非常缓慢或者平静的水域。还有一种层理长得跟水平层理很像，也是由水平状的纹层组成，它的名字叫做"平行层理"。要区分这两种层理，关键是看组成沉积岩的碎屑颗粒粗细，也就是粒度。如果粒度比较粗，用肉眼都能看到一颗颗的矿物，那么含有这种层理的沉积岩很有可能是砂岩，而这些水平状的层理可能就是平行层理。平行层理和水平层理，虽然只有一字之差，但是它俩的形成环境可是大不一样：水平层理是静水环境的产物，平行层理却是在水流速度相当快的环境里形成的，比如在一些又急又浅的河流的边滩上，常常可以发现这种由粗砂岩层构成的平行层理。至于前文提到的交错层理，它也是在流水的环境下生成的，但是流速往往没有水平层理形成时那么快，而且水流方向也是经常变换的，例如在海边，浪花来来回回拍打着沙滩，就会在沙层里呈现出这样的交错层理。交错层理根据纹层的组成形状，还可以细分成板状交替层理、楔状交替层理和槽状交替层理等，也都代表了不同的形成环境。

　　学习了这么多关于沉积岩的知识，是否能用学习到的知识进一步了解这套"波浪"地层的成因呢？接下来，让我们一探究竟吧。大冶组的沉积岩是在海水掀起风浪时形成的,而这套巨大的"波浪"地层也跟它有关。科学家进行初步的研究后认为,这里的波浪状地层是一种被称为"波痕"的层面构造,就是说在大冶组沉积时受到了风浪的扰动,而在沉积物的表面形成了随波浪起伏的形态。那些凸出来的脊称作"波峰",而凹下去的弧称为"波谷",两个波峰或者波谷之间的距离就是"波长"。通过对波峰和波长的测量,可以推测当时的波浪是非常大的。但是,还有一些研究者不相信这种说法,他们认为这是另一种被称为"槽模"的沉积构造,那些凹下去的圆弧是由于水底的高速度水流携带着大量的泥沙冲刷形成的。

除了层理以外,在大冶组的地层中还发育了其他一些非常典型的沉积和构造现象,包括石香肠构造、缝合线构造等。它们有些是在沉积过程中或稍后形成的,有些是在后期的改造中形成的。对这些现象的观察,可以帮助我们了解这一套岩石从诞生到现在都经过了哪些地质过程。

知识链接：褶皱和石香肠构造

　　沉积地层形成之初一般是水平的，由老到新向上层层堆叠。然而当岩石在后期受到大致平行岩层方向的挤压应力之后发生弯曲，形成岩层波状起伏的构造现象被称为"褶皱"，岩层的方向也随之变得倾斜，甚至发生翻覆过来的"倒转"现象。褶皱分为"核部"和"翼部"。前者是指褶皱的中心部位，后者则是指褶皱两侧的弧状部分。与褶皱不同，石香肠构造是由岩层受到垂直方向的挤压或平行方向的拉伸应力作用形成的，它是测量岩石变形量的一种有效工具。

岩层褶皱

石香肠构造

缝合线构造

褶皱

第四章

邂逅远古生命

第一节 最高峰上觅化石

地球"沧海桑田"的故事已为众人耳熟能详，说的是古人们对地理环境变迁的一种朴素的遐想或者猜测。实际上，沧海桑田不仅是真实的，而且在地球历史上曾经多次发生。黄石地区在数亿年前是一片浩瀚的海洋，前面我们了解了在海洋中沉积的大冶组地层，现在再来看一看海洋历史的另一种见证——化石。它们曾经埋藏在幽深的海洋深处，而为了寻找它们，我们今天却要翻山越岭，来到高高的山岗之上。

南岩岭是黄石市的最高峰，最高点海拔 862 米。山体岩层形成褶皱，褶皱的核部为层厚致密的石炭系—二叠系碳酸盐岩，两翼为疏松易剥蚀的志留系—泥盆系砂页岩；经强烈隆升和风化夷平后，二叠系山体高耸于志留系丘陵之上，形成地貌界线近直立、高达 400 米的壮观陡崖。主峰南侧脊岭一线有较多岩溶石芽发育，登山步道从中穿行而过，是观赏岩溶地貌的绝佳山景。

在南岩岭主峰的最高处出露一块面积约 10 平方米的二叠纪厚层灰岩，其上密密麻麻分布着珊瑚化石。沿三兴禅寺到南岩岭主峰的山路，沿途还可见许多珊瑚、介壳类典型海相古生物化石突兀于岩石表面。此外，沿殷祖至北山的盘山公路，在北山瀑布跌水附近，以及北山景区入口牌坊附近的灰岩中都发现了较多纺锤虫类、单体珊瑚、复体珊瑚、腕足类、海百合碎片等生物化石。这些海洋生物的骸骨被海底沉积物捕获、胶结、压实，成为形态各异的化石。随着沧海桑田的变迁，海底形成的地层被抬升，形成巨大而连绵的山脉，而这些化石也被保存到了南岩岭上。

南岩岭主峰的化石点

南岩岭峰顶含化石灰岩地层

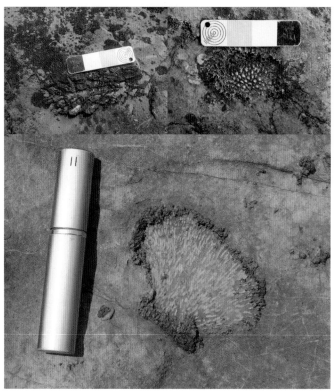

南岩岭的各种海洋生物化石

知识链接：什么是化石？

化石是埋藏在岩层里的古生物遗体、遗物或遗迹。地球历史中曾经生活过数以亿计的生物。这些生物死亡以后，它们的遗体或活动的痕迹被沉积物快速掩埋起来，其中的有机质组分腐烂分解，而其余的坚硬部分，如外壳、骨骼、牙齿等则保留下来，与周围的沉积岩一起变为岩石，但是它们原来的形态、结构依然保留着。我们把这些石化的生物遗体、遗迹就称为化石。

第二节　动物界的"大明星"

一提到化石，最容易引发人们遐想的是什么呢？恐龙还是三叶虫？它们都是化石界的"大明星"，频频"亮相"于各种书籍和画册的封面，甚至登上电视纪录片。现在，我们就来曝光一下这位"大明星"的传奇身世。我们仔细观察三叶虫化石，可以发现它们的背甲上有两条纵向的沟，把它们的身体分成了三部分：中轴和两侧的肋部，这就是它们的名称"三叶虫"的由来。另外，有的三叶虫好像一只夜空中飞舞的蝙蝠，所以它们还有一个名字，叫做"蝙蝠石"。

三叶虫属于一种被称为"节肢动物"的大门类，它生活在远古时期的海洋中，最早出现在距今5亿多年的寒武纪。到奥陶纪，三叶虫家族发展得最为兴旺发达，而到了2亿多年前的二叠纪末期，这个家族就逐渐灭绝了。它们在地球的历史中辉煌地繁衍生息了3亿年左右，几乎延续了整个古生代。它们在漫长的演化历史当中，发展出了许许多多不同的种类。据统计资料，目前在全世界发现的三叶虫化石就有10 000多种，在我国也发现了1 000种，可以说是当时动物界的一个大家族。

黄石地区也有三叶虫化石。在灵乡镇与陈贵镇相交的岩峰村上岩刘水库溢洪道附近，地质工作者发现了许多的三叶虫化石，这些三叶虫化石在多个层面密密麻麻堆积。它们的个头大约有20毫米，比指甲盖要大一些，多为三角形尾部和其他不同部位，包括瘤状头饰、颊刺等，生物结构典型，易于识别，且具有很好的观赏性。

岩峰村三叶虫化石，像一只展翅飞翔的蝴蝶

第三节　标准化石讲道理

　　我们再来了解另一种生物的化石——笔石。笔石也是一种已经灭绝了的海洋生物，因为它的化石很像铅笔在岩层上书写的痕迹，因此才被科学家们命名为"笔石"。笔石生存的年代最早开始于距今5亿多年前的寒武纪中期。奥陶纪和志留纪时期，笔石达到最繁盛，泥盆纪晚期开始衰退，到石炭纪晚期笔石就全部灭绝了。前前后后，笔石在地球上存在了大约2亿年。根据科学家们的研究，笔石的身体生活在一种叫做"胞管"的管状体里面，胞管有各种各样的形状，有直的、弯的，还有卷曲状、喇叭状等，而笔石化石的形态也是千差万别，有的像树枝，有的像扫帚，小的长度只有几毫米，而最大的笔石化石的长度可以达到1米以上。

在黄石市阳新县的冷水源村，地质工作者发现了数量众多的笔石化石。如果幸运的话，我们撬开奥陶纪的硅质页岩的岩层面时，就有可能找到密密麻麻的笔石化石。根据科学家们的研究，这里的笔石类型有叉笔石、直笔石等，长 20~30mm，在主枝两侧对称斜向分布着许多锯齿状的胞管，胞管纤细短小，整体看起来就像小树枝一样。

笔石演化的速度非常快，通常一个新的笔石物种产生后 1 百万 ~2 百万年就灭绝了，因此每个时期的笔石类型都很不一样。根据这个规律，通过发现的地层中的笔石类型，就能知道地层的时代，我们把这一类能够确定地层年代的化石叫做"标准化石"，笔石化石就是奥陶纪、志留纪和泥盆纪早期地层的重要标准化石之一。

冷水源村笔石化石

黄石的笔石化石

用地层中的标准化石来确定地层的年代，是地质学最重要的学问之一，叫做"生物地层学"。"地层叠覆律"告诉我们，地层底部的沉积岩是最老的，而上部的沉积岩是年轻的，这就明确了地层的相对年龄。但仅仅这样还不够，于是人们提出了另一种确定地层年龄的方法，这个方法的提出者是英国著名的地质学家——威廉·史密斯。史密斯是学习大地测量学的一名工程师，当时正值英国大规模开凿运河，史密斯负责了很多运河工程的测量工作。当史密斯观察新开凿河道两侧的地层剖面时，他找到了识别这些地层的特殊标志——化石。他发现不管地层的岩性如何变化，

史密斯的画像

动物化石在岩层里出现的顺序总是不变的。后来，他根据自己的研究成果，发表了一篇题为《用生物化石鉴定地层》的论文，主要的内容归纳起来可分为两个方面：不同时代的地层中具有不同的古生物化石，相同时代的地层中具有相同或相似的古生物化石；古生物化石的形态、结构越简单，则地层的时代越老，反之则越新。这就是生物地层学的基本原理。

明白了这个原理，我们就可以用标准化石来鉴别地层的年代。假如我们在已知一处石炭纪地层中发现了笔石化石，而在另一个地方也发现了同样同一个种类的笔石化石，那么我们基本可以断言，后一处的地层差不多也属于石炭纪。这就是标准化石的功用。此外，如果我们在后一处地点发现的笔石化石比前一处结构更为复杂，那么这后一处地点的地层年代是比前一处更老，还是更年轻？这个问题根据我们前文提到的史密斯的论文观点就可以回答了。

实际上，地质学家已经依据地层中化石的新老顺序，结合其他一些规律，建立了一整套的年代地层单位，包括太古宇、元古宇、古生界、中生界、新生界等，相应的地质时期称为太古宙、元古宙、古生代、中生代、新生代。它们把整个地球的历史划分成了一个个的"段落"和"句子"，而这些"句子"之间的"标点符号"被称为"金钉子"。

为了明确"金钉子"在地层中的具体位置，科学家们付出了艰苦的努力：建立每一枚"金钉子"，都需要对全世界该"金钉子"所对应的时代的地层剖面进行调查和研究，非常详细地划分地层。然后，只有得到了国际地层委员会专家们的同意，一枚"金钉子"才能获得批准和认可。

我国是世界上拥有"金钉子"数量最多的国家之一，一共有 10 枚"金钉子"。而湖北拥有其中的两枚，它们都位于湖北省宜昌市夷陵区。

第四节　进化之路显真章

前面提到了各种不同的海洋生物，它们有许许多多门类，都是由原始的单细胞生物经过漫长的岁月，由简单到复杂进化而来的。通过观察和比较同一类生物在不同时代地层中的化石，可以窥见生物进化的秘密。

蜓是一种生活在古代海洋中的单细胞动物，出现于古生代石炭纪，灭绝于二叠纪。20世纪20年代，我国著名的地质学家李四光为它取了一个中文名字"蜓"。中国的蜓类化石非常丰富，从华北到华南各个地区的石炭纪和二叠纪地层中几乎都可以找到，是这一时期的重要标准化石之一。

大冶市西畈李村的石炭系与二叠系地层界线

大冶市西畈李村的蜓化石，有的呈同心圆状，有的呈纺锤状

在大冶市的西畈李村，地质工作者在当地的石炭纪和二叠纪地层中也发现了蜓类化石。化石产地位于西畈李村至西沟李村村级公路边的一处采石场内。产蜓类化石的石炭系黄龙组是一套浅肉红色的厚层灰岩地层，化石零星见于灰岩层面。蜓化石的个体非常微小，直径一般3~5厘米，截面呈同心圆状，同心圆的旋壁之间由放射状隔壁组成，螺旋形的旋壁和竖直的隔壁把化石分成一个一个的"小房间"。产蜓类的二叠系是一套深灰色的薄层灰岩地层，其中的化石个体较石炭系中的化石更大，直径达到0.8~1厘米，截面呈同心圆状、纺锤状，结构也更加复杂。在一处地层剖面上连续观察到蜓类化石还是十分罕见的。

根据研究，蜓最初诞生于早石炭世，发展到早二叠世达到鼎盛，而到晚二叠世开始衰落，直至二叠纪末期就全部灭绝了。从石炭纪到二叠纪，蜓类化石的个头和结构都发生了改变，说明在不到1亿年的时间里，蜓已经发生了明显的"进化"，衍生出了不一样的类型。

不同的螳类化石具有不同的外形，这就是生物种属之间的区别。我们进行科学研究的时候，总习惯优先对研究对象进行分类，这样便于寻找同类之间的共同点，发现规律。我们研究古生物的时候也是这样，先要把发现的化石归到某一种古生物类型，然后再开展下一步的研究。古生物分类的原理与现今生物的分类是一样的，就是先将生物划分成植物界、动物界等几个大类，界之下再分出门、纲、目、科、属、种，其间还有一些辅助性的单位，如超科、超目、超纲、超门，亚种、亚属、亚科、亚目、亚纲、亚门等。通过这样的分类体系，我们可以把一种生物在"进化树"上的位置标定下来。比如我们人类，属于动物界 – 脊索动物门 – 脊椎动物亚门 – 哺乳动物纲 – 灵长目 – 人科 – 人属 – 智人种。为了简单起见，我们现在通用一种被称为"双名法"的命名法则称呼一种生物。

说起"双名法"，我们要提到一位瑞典的植物学家，同时也是生物分类命名的奠基人——卡尔·冯·林奈。林奈从小特别喜爱花园里的各种植物，八岁的时候就被邻居们称为"小植物学家"。林奈在小学和中学的时候学习成绩并不算特别突出，只是对花草、树木有着异乎寻常的爱好，经常到野外去采集植物标本，在课余时间还阅读了大量的植物学著作。后来在大学阶段，林奈系统地学习了博物学的知识和采制生物标本的方法。1732年到1735年期间，林奈先是到瑞典北部考察，然后又游历欧洲各国，采集当地的植物标本，并且在荷兰获得了博士学位。1737年，林奈将他的研究成果写成一本书出版，在书中首次阐述了他对植物的分类方法。他将植物分成24纲、116目、1 000多个属和10 000多个种，纲、目、属、种的分类概念是林奈首创的。此外，林奈还建立了植物的"双名制命名法"：一种植物的正式名称由种的本名和它所在的属名组成，属名在前，种名在后，这样大大精简了一种生物冗长的名称，还改善了当时复杂和混乱的生物命名分类法则，促进了生物科学的发展。当时由林奈建立的许许多多植物的名称，直到现在我们都还在使用。

前面学习了生物分类的知识，我们了解到"种"是生物分类的基本单位。实际上，"种"还是生物进化的基本单位。生物进化实际上就是"种"的起源和演变。也就是说，地球上现生的各"种"动植物跟它们在远古时候可能是不一样的，这里面就包含了生物进化的思想。

提到生物进化的话题，人们最容易联想到的一个观念是"我们的祖先都是从猴子变来的"！其实，这句话可不太准确，准确的说法应该是："我们人类和现生猿类拥有共同的祖先"。为了得出这个结论，历史上的科学家们付出了艰辛的努力，这里面最重要的一位就是英国著名的生物学家——查尔斯·达尔文，他用毕生精力完成的巨著《物种起源》为我们揭开了生物进化的秘密。

　　1831年，刚刚从剑桥大学毕业的达尔文受到英国海军的邀请，登上了一艘称为"贝格尔"号的帆船，

达尔文像

开始了一次历时 5 年的环球航行。在这次航行中，达尔文在世界各地进行旅行和考察，有趣的是，达尔文所进行的考察大多与地质学有关。那个时候，史密斯已经建立了地层学的基本理论，莱伊尔编著了《地质学原理》，树立了地质学"将今论古"的理论和方法。在这些新知识的帮助下，达尔文对前人关于地球生物的观点进行了重新思考。引用英国另一位著名的博物学家赫胥黎的话说——达尔文的《物种起源》，是将进化的理念和《地质学原理》结合起来，应用到生物学所产生的结果。这次环球航行为达尔文日后的研究工作奠定了坚实的基础。旅行回来以后，达尔文又经过了 20 多年的研究，终于写成了科学巨著《物种起源》。

在《物种起源》这部作品中，达尔文主要向我们阐述了两个道理：一是物种是可变的，生物是进化的；二是自然的选择是生物进化的动力。这两句话看起来简单，但在当时提出这样的论断来，可是要突破重重的束缚！因为在那个时候，"神创论"的思想还占据着主导地位，人们相信宇宙万物都是由"上帝"创造出来的，自从诞生之后，地球上的动物、植物，包括我们人类本身都不再变化。这种"神创论"的思想统治了人们数千年的时间，有许多科学家为了打破这种封闭的思想，甚至付出了生命的代价！达尔文"进化论"的思想在当时引起了轰动，因为它把自然的选择放到了最核心的地位，明确了自然的因素才是生物进化的根本原因。引用我国近代著名学者严复先生的解释，"物竞天择，适者生存"就是生物进化最根本的原理。

第五章

寻宝之旅

第一节 石膏晶体大若屋

黄石被称为"百里黄金地，江南聚宝盆"，可不仅仅只有前面说的这么简单。黄石是我国最著名矿业名城之一，在这里发现了许多大矿、好矿，出产了很多其他地方见不到的奇珍异宝。例如，2016 年，在大冶市灵乡镇的广山铁矿发现了一块特别巨大的石膏矿物晶体。它长 9 米，宽 2 米，高 3 米，比全国已知的任何石膏晶体都要大，被称为"石膏之王"；更难得的是，它纯净透明，几乎无任何杂质，拿在手里甚至可以看见背面的手掌纹。

什么是矿物？矿物又有哪些独特的性质？为什么把这一大块石膏称为"晶体"？它怎么可以长得像一座小房子那么大？要解开这些疑问，需要读懂矿物的故事。

广山透石膏产地，由左、右两个透石膏露头组成

广山透石膏

我们认识一种事物，理解它的含义，都是在劳动的过程中慢慢摸索出来的。最开始，我们的祖先们也搞不清楚什么是岩石、什么是矿物，不明白它们之间有什么区别。古人们只是通过敲打、磨蚀，把各种天然的石块生产出可供日常使用的工具。经过几十万年的摸索，人们发现有一些石块特别坚硬，于是专门把这些石块采掘出来，"矿"这个汉字的读音"kuang"就是采矿工具敲打岩石发出的声音。再后来，人们明白了，这些石块并不是单一的物体，而是由许许多多更简单的成分组成的。这些石块之所以这么坚硬，是因为里面含有一些特殊的成分，这些成分甚至还可以单独提炼出来。经过漫长的劳动、观察和思考，人们终于明白了矿物、矿石和岩石之间的区别，即矿物是地球上各种岩石和矿石的基本组成单位，而岩石和矿石都是矿物的集合体。

那么矿物又是由什么组成的呢？其实，矿物是一种"基本组成单位"，意思是说矿物本身就是同一种物质了，在它的内部，成分上都是一样的，科学家把这些单一的物质叫做"单质"或者"化合物"。例如石墨矿物的成分里只有碳这一种物质，而我们的"石膏之王"，它的成分里也只有硫酸钙这一种物质。

目前人们发现的矿物有 3 000 余种，它们就像各式各样的"建筑材料"，可以搭建出不同的"房屋""道路"和"桥梁"。这些矿物三三两两组合在一起，形成了地球上形形色色的岩石和矿石。换句话说，我们看到美丽的大自然，除了那些植物和动物以外，绝大部分都是由矿物组成的。所以，学习矿物学的知识是我们了解自然界最重要的"钥匙"之一。

了解了矿物，让我们来探寻晶体的秘密。地壳中发现的 3 000 多种矿物里，绝大多数都是晶体。

那什么是晶体呢？矿石展馆中的水晶都有平的面、直的棱和尖尖的角，甚至面和棱的个数似乎都是一样。从中可以发现晶体最重要的特点之一，就是它们具有规则的多面体外形。但是这种规则的外形是怎么形成的呢？这并不是人工雕刻的结果，而是由自然规律决定的。晶体内部的质点构成了有规律的"格子"。格子构造就是一切晶体最本质的特征。

那么矿物为什么会结晶呢？这同样是它们自发的行为。水结冰的现象在日常生活中很常见。在正常的大气压环境中，当温度低至零摄氏度以下，水就自动开始结冰了。我们在冬天里发现窗户上结出的一朵朵美丽的霜花都是由水的晶体——冰晶构成的。同样的

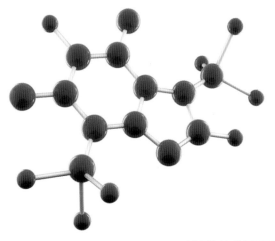

矿物晶格（图片源于网络）

水的晶体——雪花（图片源于网络）

道理，其他的矿物质也有它们的"冰点"，我们称之为"结晶温度"，当地下的溶液、岩浆遇到合适的温度和压力条件时，其中的矿物质就会结晶。大冶市发现的"石膏之王"就是由含有硫酸钙的溶液结晶形成的。

解释了石膏晶体的成因，有的同学可能有疑问：为什么我们在矿石展馆里看到的大部分水晶、石膏晶体都只有巴掌大小，顶多不过半人高，而这块"石膏之王"却可以长到房子那么大呢？

要解答这个疑问，必须要明白矿物结晶的三个基本条件：矿物质、空间和时间。"石膏之王"生长在岩浆岩和地层的接触带附近，这里的地层本身含有大量的石膏质，而地下的岩浆又带来了丰富的矿液和热量，这些条件结合在一起，于是形成了富含石膏矿物成分的地下热液；这些热液在地底下流动，恰好遇到了地层之间的巨大空隙，于是在这里"安家"了。因此，"石膏之王"生长在这里绝不是偶然的，而是各种地质条件综合作用的结果。

知识链接：墨西哥"水晶宫"

2000年，墨西哥的两名矿工在挖掘隧道的过程中，无意之中发现了一个神奇洞穴。进入洞穴里面，可以看见整个洞穴的四壁都长满了巨大的柱状石膏晶体，有的长达十几米，重达几十吨，人站在上面像走在桥梁上一样。在探照灯的照射下，这些晶体发出柔美的光芒，使得整个洞穴就像传说中的"水晶宫"。科学家们研究发现，在"水晶宫"下面5千米的地方是炽热的岩浆了，在岩浆不断的加热下，含有硫酸钙的地下热水灌满了整个洞穴，然后高温水逐渐冷却，维持在58摄氏度左右的温度，水里的硫酸钙逐渐结晶形成巨大的石膏晶体。根据科学家的推算，这些石膏晶体每年仅能生长头发丝那么粗一点，要长成现在的大小，至少需要上百万年的时间。

墨西哥"水晶宫"（图片源于网络）

第二节　湖北新石美名扬

除了这块"石膏之王"以外，黄石拥有的宝贝还有很多。2001年，几位加拿大的矿物爱好者在大冶市冯家山收集到了一种奇特的矿物，别看它外表很不起眼，但拿回去研究鉴定以后，确认它是一种全新的矿物品种，在世界上其他的任何地方都没有发现过！经过上报国际矿物机构，这种全新的矿物被正式命名为"湖北石"，而大冶的冯家山也成了"湖北石"在世界上已知的唯一产地。

　　鉴别矿物是地质学家的基本功。除了肉眼观察以外，还要通过精密的仪器分析。用肉眼鉴别矿物，那当然要从矿物的外观看起：首先是形态。一种矿物在合适的条件下会长成同样的外形，这是矿物的一种固有属性。按照矿物的外形，大致可以把矿物分为片状、粒状和柱状矿物。例如这里的"湖北石"，它主要是一种片状矿物，还有一种十分常见的矿物——云母也是片状的，如果把一块花岗岩或者粉砂岩放到阳光下观察，里面闪闪发光像鳞片一样的矿物很可能就是云母。还有一些矿物呈粒状，有一种矿物就是用石榴的名字命名的，叫做"石榴子石"，这是一种典型的粒状矿物，无论从外形还是颜色上都像极了石榴籽。外形呈柱状的矿物也不少，比如花岗岩里面另一种常见的矿物——"长石"，从它的名字就可以猜测到，它们一般呈长方体状。

当同一种矿物长在一起的时候，我们还可以描述这个矿物集合体的形态，比如水晶的"晶簇"。矿物集合体还有放射状、树枝状等。

除了形态以外，我们还可以观察矿物的颜色和光泽等。矿物的颜色是十分丰富的，我们在自然界中见过的所有颜色几乎都有相对应的矿物，甚至有一些矿物直接用颜色来命名，如绿柱石、蓝晶石等，一听到名字我们就能大致猜出它们的颜色了。此外，地质学家在判断矿物颜色的时候还常常把矿物拿到白色的硬瓷板上面刻画，呈现出的粉末颜色称为"条痕色"，它对鉴别矿物特别有用。矿物对光线的反射也是它们的一种重要特征。例如钻戒上面镶嵌的钻石发出耀眼的光芒，这种矿物的光泽就叫做"金刚光泽"；有的矿物光泽要暗淡一些，例如石膏，它的晶体反射的光线像平板玻璃一样，称为"玻璃光泽"；还有很多的金属矿物反射的光线跟我们平日里看到的钢铁材料差不多，我们把这种光泽叫做"金属光泽"。不过，我们在观察矿物的时候看到的并不总是晶体的光滑表面，有时从矿物参差不齐的断面上反射出来的光线跟它本身的光泽大不一样。比如石英，它的晶体属于玻璃光泽，但如果我们拿起一块花岗岩或者石英砂岩观察里面的石英颗粒，却呈现出像油脂一样温润的光泽，我们称之为"油脂光泽"；类似地，还有很多的矿物集合体或者矿物颗粒显示出丝绸、珍珠般的光泽，我们就把它们形象地称为"丝绢光泽""珍珠光泽"等。

金刚光泽〔图片源于网络〕

金属光泽（图片源于网络）

丝绢光泽（图片源于网络）

绿柱石（图片源于网络）

蓝晶石（图片源于网络）

树枝状的方解石和文石集合体（图片源于网络）

水晶晶簇（图片源于网络）

除了用肉眼观察以外，还有一个鉴别矿物的小窍门：用我们的手指甲和随身携带的钥匙来刻画矿物。如果用手指甲来刻画石膏，可以留下痕迹，但是刻画方解石不能留下痕迹；如果用金属质地的钥匙刻画方解石，能轻而易举地留下痕迹，但是对石英却无能为力了。这是因为不同矿物的硬度是不一样的，矿物硬度越大越容易被刻画而留下痕迹。上述的三种矿物中，石膏是最软的，方解石次之，石英硬度最大。还有一种最硬的矿物，就是金刚石，这也是我们常说的"没有金刚钻，就不揽瓷器活儿"的由来。用金刚石制成的钻头，连坚硬的瓷器都能攻克，可见它是自然界中最硬的一种矿物了。科学家们把各种矿物按照它们的硬度进行了排序，共分为10级，称之为莫氏硬度。自然界最硬的金刚石定为10，最软的滑石定为1，其他的一些矿物分别是2到9。我们手指甲的硬度大概是2.5，钥匙在5左右。

第三节　铜矿遗址千年传

　　地矿是指"地质"和"矿产"，这两个名词就像一对好兄弟，总是形影不离地待在一起。这是为什么呢？因为地质调查和矿产勘查是联系非常紧密的两种工作：人们在开发地下矿藏的过程中，熟悉了各种岩石，了解了构造现象，促进了地质学科的发展；反过来，依靠很多地质学的原理、知识，又可以指导人们找矿。它们一直是相辅相成的。

　　人类利用矿产资源的历史非常久远。在人类诞生之初，就开始拿着坚硬的石头作为工具使用了。人类的进步伴随着石制品的进步，先后经历了"旧石器时代"和"新石器时代"两个阶段。再后来，人们渐渐地学会提炼矿石中有用的金属成分，因为金属既轻便，又坚韧，相比于早期的石制品实用多了。当金属工具逐渐取代了石器之后，人类的历史慢慢地进入金属工具的时代。最早期广泛使用的金属就是铜。现今我们把这一个时期称为"青铜时代"。在世界范围内，青铜时代从距今 6 000 多年前开始，各地有早有晚，一直持续到大概距今 2 000 年前。可以说，青铜时代是现代文明的"幼年期"。从"新石器时代"到"青铜器时代"，世界上逐渐形成了几个人类古代文明的中心，包括西亚的两河流域、欧洲的希腊、北非的埃及、东亚的印度和中国。

我国是早期青铜文明最为辉煌灿烂的国家之一，早在商、周时期，我国冶炼和铸造青铜器的技术已经达到了很高的水准，所生产出来的青铜器样式华丽、造型优美。

黄石与我国古老的青铜文明有着密不可分的关系，它是我国古代最重要的铜矿产地。黄石境内的古矿遗址非常多，其中最著名的要数铜绿山。铜绿山古铜矿遗址位于大冶湖畔，遗址南北长约 2 千米，东西宽约 1 千米，占地 14 万平方米左右。遗址地表覆有厚数米、重约 40 万吨的古代炼渣，推算累计产铜 8 万 ~12 万吨。

从 1973 年遗址发现以来，研究人员共发掘出地下采区 7 处，采矿井巷近 400 条，古冶炼场 3 处，此外，还发现了一批炼铜炉。特别是清理出西周至汉代千余年间不同结构的数百口竖井、斜井、盲井和百余条大小平巷等采矿遗迹，组成开拓、支护、开采、提升、排水、通风等完整的地下开采系统，令人叹为观止。

除了人工的开采遗址以外，目前在遗址公园中部还保留矿体的部分露头以及矿体西侧的大理岩残块的原岩露头。矿体露头部分主要由石榴子石－透辉石矽卡岩和金云母矽卡岩构成，夹杂少量铁铜矿体，组成了一种被称为"接触交代型"或者"矽卡岩型"的矿床类型。

铜绿山遗址是迄今为止中国已发现保存最好和最完整、采掘时间最早、冶炼水平最高、规模最大的一处古铜矿遗址。国内外许多专家学者参观了铜绿山遗址以后，赞誉它是"中国继秦始皇兵马俑后的又一奇迹""可与中国的长城、埃及的金字塔相媲美"。2016年8月，吉尼斯世界纪录组织机构还向铜绿山古铜矿遗址授予了"持续开采时间最长的古铜矿"的称号，是名副其实的世界之最。

经过考古学家的考证，铜绿山遗址在当时的采矿技术已经相当成熟了，各种矿山设施齐备，矿井开采到地表以下60多米，随同出土的生产工具和生活用具达到了上千件。这说明，铜绿山早在二三千年前就已经达到了相当大的生产规模，而且拥有当时世界上比较先进的采矿和炼铜技术。

铜绿山古铜矿遗址分布着一些横七竖八的地下坑道，它们是干什么用的呢？其实，它们就是前面提到的古代地下"开采系统"。人们为了开采地下的矿石，往往需要循着矿脉的方向，从地表向下挖掘，那些垂直向下的叫做"竖井"，横向连接竖井的叫做"巷道"。最开始的时候，人们只是挖掘地表上见到的矿石，随着挖掘深度的加大，人们发现这些矿脉向地下延伸，于是像打水井那样，继续垂直向下挖掘。为了寻找更多的矿石，又通过巷道向矿脉四周开拓。有时候人们发现巷道的更深层还有矿石，接着再向下挖竖井。如此循环往复，直到把能见到的矿石都采掘出来为止，于是就形成了地下重叠繁复的"开采系统"。在采矿的同时，为了保证地下采空区和人员的安全，防止巷道坍塌，人们在竖井和巷道的四周和顶面还搭建了木架进行支护。这些设施看似简易，却有效抵挡住了地下岩层的压力。根据最新的考古发现，铜绿山的古采矿遗址最早可能始于夏早期，历经商、周、汉多代传承，不断发展扩大。而正是依靠了完整、严谨的支护体系，遗址内的竖井、巷道等设施才得以完好保存，历经千年的洗礼而屹立不倒，体现了我们祖先极为高超的工程智慧。

铜绿山遗址现场的巷道

第四节　接触交代宝藏生
　　　亚洲第一采坑王

　　黄石不仅有最古老的铜矿，还有亚洲最大的露天采坑。这个采坑位于大冶市的铁山东露采场。铁山因蕴藏大量铁矿资源而得名，其南侧的大冶铁矿是近现代国内最早勘查利用的富铁矿之一，被誉为"中国重工业的摇篮"。在矿床学中，这一地区的铁矿还被称为"大冶式铁矿"。

大冶铁矿产于铁山侵入体与大理岩地层的接触带上，全长近5千米，矿体多为透镜状、似层状，矿石矿物以磁铁矿为主，其次为赤铁矿、菱铁矿等。沿着接触带的剖面一路观察，可以分别看到大理岩、矽卡岩、铜铁矿石、闪长岩等。

讲到这里，我们来回答一个最重要的问题：黄石如此丰富的矿产资源究竟是如何形成的？其实这个答案就蕴藏在之前的学习过程中——在铜绿山和大冶铁矿这里，前文提到的大冶组灰岩组成了矿体的围岩，而中生代岩浆形成的侵入岩则提供了大量的金属元素和热量，它们通过一种被称为"侵入接触"的方式结合在一起。在它们的接触带上，发生了强烈的接触交代变质作用，通过一系列的物理、化学变化，形成了一种特殊的岩石——矽卡岩，同时铜、铁、金等元素也以矿脉的方式被聚集起来，成为了可供人们利用的矿藏。

铁山复式岩体

矿体围岩大冶组

亚洲第一大采坑

大冶铁矿矽卡岩矿化带剖面

正是由于大冶铁矿侵入体的规模大，矿床沿着接触带的方向生长，所以沿着尖山、狮子山、象鼻山被挖掘形成了大型露天采矿遗迹。大冶铁矿历经百年开采，将原本的山头挖掘成了巨大的矿坑。矿坑的开口近椭圆形，周长约 4 000 米，截面积相当于 150 个足球场。矿坑上部大，下部小，由多级台阶构成，坑底面积约 8 150 平方米，垂直最大高度 440 米，是亚洲最大的露天采坑，被誉为"矿冶天坑"。

这么大的一个"矿冶天坑"是怎么形成的呢？它是通过一种被称为"露天开采"的采矿工艺挖成的。露天开采的字面意思很好理解，它不同于在地下通过竖井、巷道挖掘矿石的开采方法，而是直接从地面向下挖掘，还要用炸药把坚硬的岩石炸开，然后把碎石和矿石一块儿挖掘出来，再经过破碎、分选等一系列的工序，最后把有用的矿石挑选出来。大冶的这个亚洲第一大采坑是经过了上百年的开采，日复一日、年复一年地挖掘才形成的。

露天开采是一种很常用的采矿工艺，世界上很多的大矿都是利用露天开采的方法来作业的。通过这些大的矿场，人类向大自然索取了许许多多有用的宝贵资源，获得了巨大的财富。但是，也在大地上留下了一个一个像"矿冶天坑"一样的大"伤疤"。这些采矿场破坏了原来地面上覆盖的植被，使原来山坡上比较稳固的岩石和土层变得破碎、松软，这样在下大雨的天气，地表的土壤就会被流水带走，而留下地表光秃秃裸露的岩石，这种环境被破坏的现象叫做"水土流失"。除此以外，还有可能发生滑坡、泥石流等地质灾害，造成巨大的人员伤亡和财产损失。有人说，这是大自然向我们人类无节制的索取而做出的"报复"。因此，在今后的生活和工作中，我们一定要注意保护人类赖以生存的大自然。

大冶铁矿东露采场东侧，堆积着百余年大冶铁矿的采矿废石，总面积达到了398平方千米，也造成了严重的环境问题。自20世纪80年代，为改变废石区生态环境，大冶铁矿管理者探索在废石堆无覆土条件下复垦，经多轮试验后种植刺槐林获得成功，从此开始在废石场上复垦，年均绿化约8.7万平方米，以恢复矿区植被，美化矿山环境。现在废石场的复垦绿化面积已达247平方千米，是亚洲最大的硬岩复垦基地。目前，大冶铁矿的山坡上已绿树成荫，智慧的大冶铁矿人又创造出了"石头上能生树"的生态奇观。

大自然是人类的"母亲"，它丰富的资源就像甘甜的乳汁，优美的环境就像妈妈温暖的怀抱，滋养和保护了人类。但是这些年来，人类变得有些贪婪啦，不断地向大自然要这要那，大自然已经有些不堪重负了。因此，我们一定要学会爱惜我们赖以生存的大自然！我们植树造林、保护水源、节约资源，都是在帮助大自然恢复生态平衡。现如今，"矿冶天坑"周围已经长满了郁郁葱葱的树木，被改造成了一个公园，矿坑周围重新焕发出勃勃生机。

槐花林（图片源于网络）

后记　成为像达尔文一样的科学家

　　读者朋友们，我们一起走过了一段跨越几亿年的时空之旅，从古生代的海洋到中生代的火山，地球生命兴起、衰落，而最后是我们人类发现了这些遗留在地层中的化石证据。你们有什么收获呢？你们也许记住了几个地质学的名词，或者认识了几种古生物化石，再或者明白了一条科学定理。可是要我说，这些都不是最重要的，如果你们看完了这本书以后，真的想要到野外，到大自然中去瞧一瞧、看一看，那可太好啦。我们之前了解了几位科学家（史密斯、林奈和达尔文）的故事，他们不都是在大自然中发现了最绝妙的科学道理吗？即使学习成绩不是最好的，你们也不要灰心，只要有兴趣，有耐心，一定能有所成就，相信自己吧！

附录 "玩转黄石"地矿科普研学手册

一、行前准备

为什么去研学（研学目的）

学以致用，知行合一。

知识：在实践中加深对地学知识与原理的理解。

技能：初步掌握地质"三大件"的使用方法，学习一些野外生存技能。

品格：在登山的过程中锻炼体魄，培养不畏艰苦、勇攀高峰的精神。

去干什么（研学内容）

参观博物馆：到博物馆里亲眼见证书本中描绘的矿物晶体，感受它们的神奇和美丽。

黄石矿博园内景

登山：攀登黄石第一峰，体会一览众山小的气魄。

户外登山　感受自然（图片源于网络）

认岩石：到大自然中去实地发现、观察和认识岩石，用地质图的形式把它们记录下来。

找化石：用你的慧眼在岩石中寻找化石的踪迹，收获你的第一件化石宝藏。

认岩石　找化石（图片源于网络）

要带什么（研学工具）

服装：应根据季节穿着防晒、透气、轻便的服装，鞋子应尽量选择厚底、高帮的登山鞋或运动鞋，佩戴一顶遮阳帽。

食品：带一点巧克力和糖果之类的高能量食品，如果在户外野餐，还需准备饼干、面包等干粮，最重要的是配足饮用水。

工具：包括罗盘、锤子和放大镜，俗称的地质"三大件"，把它们放在背包里，方便取用。

儿童登山鞋

地质三大件（图片源于网络）

要注意什么（研学提醒）

安全纪律：在野外活动最重要的是安全，大家必须听从辅导员和研学老师的安排，按照规定路线集体行动，坚决杜绝单独行动，遇到崖壁、溶洞等严禁擅自探险。

文明礼貌：我们的一言一行代表了整个集体的精神风貌，上下车有序排队，不拥挤、不嬉闹；在场馆参观时认真听讲、不大声喧哗，争做文明礼貌的好少年。

环保我先行：在野外活动不随意采摘花叶果实，野餐时产生的垃圾废物要收集打包后带走。除了脚印，什么也别留下；除了照片，什么也别带走。

二、研学课程安排

课程1　"晶彩"的矿物世界

地点

黄石矿博园、地质博物馆。

黄石矿博园外景（图片源于网络）

矿物晶体摄影作品（图片源于网络）

湖北（黄石）地质博物馆

🐵 主题

　　黄石矿博园是黄石市政府根据黄石3 000年矿冶文明历史以及储量丰富的矿物资源，倾力打造的集中展示和交易矿物晶体、奇石、观赏石的综合平台，是教育部授牌的国家级中小学生研学实践基地，也是自然资源部授牌的国家级国土资源科普基地。在这里，学员可以在观赏各色各样矿物晶体的同时，了解矿物的种类、形成条件、形态、硬度、密度及简单鉴定方法等矿物基础知识，培养独立动手进行科学实验的能力。在矿博园隔壁，还坐落着一座湖北（黄石）地质博物馆，它是融科普教育、休闲旅游、地质研究、宣传展示、信息交流等功能于一体，全方位展示黄石地区地质演变，探寻黄石数千年辉煌的探、采、选、冶文化的综合性博物馆。

活动安排

上午：开营仪式；分组、分房间；参观地质博物馆，了解地质知识。

下午：参观矿博园科普体验馆，初步了解矿物知识，主要矿物在生活中的应用；了解矿物肉眼鉴定和实验室鉴定的基本方法；自己动手制作（DIY）矿晶首饰。

晚上：学唱营歌；珠宝秀（DIY矿晶首饰走T台）。

紫水晶手串（图片源于网络）

课程 2　湖上仙岛有奥秘

🐾**地点**

仙岛湖（王英水库）。

🐾**主题**

仙岛湖（王英水库）在 4.6 万亩（1 亩 ≈ 666.67 平方米）的水面上散布着千余个小岛。乘坐汽船一起探访其中的几座小岛，我们会发现其中大有乾坤，一趟水上之旅，竟然穿越了上亿年的时光。

仙岛湖美景（图片源于网络）

仙岛湖快艇（图片源于网络）

仙岛湖天空之境（图片源于网络）

🐾**活动安排**

上午：从黄石市区出发，约9：45抵达仙岛湖（王英水库），10：00准时上船。从仙龙岛等几个小岛依次登岸，跟研学老师一起，在每一座小岛上寻找地层、岩石的露头，学习认识砂岩、粉砂岩、灰岩等常见的岩石。

中午：用自带干粮解决午餐，总结上午见到的几种岩石，并指出它们分别产出在仙岛湖的哪一个部分。

下午：听研学老师讲解黄石地层、岩石的基本情况，思考自己上午发现的几种岩石可能属于什么时代的地层，并把它们在地图上标绘出来，形成属于自己的第一份"地质图"。

课程 3　探访火山遗迹

🐱**地点**

大冶市保安镇小雷山、盘茶湖。

🐾**主题**

前面探访了黄石的湖上仙岛，现在再来领略一下黄石的"火焰"世界。黄石西部的金牛盆地是湖北省已知的唯一的中生代古火山遗址。盆地内的火山又多又完整!

活动安排

上午:从黄石市区出发,约9:30抵达大冶市保安镇盘茶湖,在盘查水库旁的废弃矿场跟研学老师一起搜集火山弹,先观察火山弹的外形,然后使用地质锤敲开一个,仔细研究一下它们的内部结构。根据研学老师对火山喷发知识的讲解,提出自己对火山弹成因的看法。

盘茶湖火山岩剖面

火山岩球泡内部的"晶洞"

火山岩球泡内部的"玛瑙"

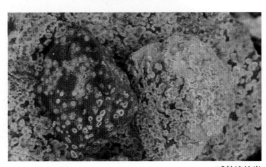

球粒流纹岩

中午：约12：00返回大冶市保安镇午餐。

下午：约1：45抵达小雷山风景区，集合整队，约2：00开始登山。跟研学老师一起沿途观察组成山体的地层和岩石，仔细观察火山岩中发育的气孔、流线等特征，学习从颜色、结构、构造等方面描述一块岩石，并完成填空题。约4：00开始下山。5：00出发返回黄石市区。

小雷山风光（图片源于网络）

岩石描述填空题

岩石手标本的风化面呈 _____ 色，新鲜面呈 _____ 色，具有斑状结构和 _____ 构造，基质为隐晶结构。斑晶主要由石英和长石两种矿物组成，大小约 _____ ；岩石中发育大量气孔，大小约 _____ ，呈 _____ （形状）。

课程4 黄石的"海洋世界"

🐿️ 地点

南岩岭。

🗿 主题

南岩岭是黄石最高峰，山形雄奇险峻、怪石嶙峋。山体的岩石是形成于远古海洋中的碳酸盐岩，经过地壳抬升和地表风化侵蚀的双重作用，雕琢出了现在黄石第一峰的雄姿。在南岩岭的山顶，地质工作者发现了原本生活在海洋里的珊瑚化石，这如同在珠穆朗玛峰顶发现的奥陶纪海洋生物化石一样神奇，生动地体现了地球海陆转换、沧海桑田变化的神奇。

黄石最高峰——南岩岭

铁塔处即黄石最高点

南岩岭最高点珊瑚化石露头

活动安排

上午：从黄石市区出发，车行至阳新南岩寺，约 10：00 开始步行登山。与研学老师共同徒步考察，一路上跟着专家寻找珊瑚、贝壳等化石；了解化石形成的基本原理，学习如何区分生物结构、矿物结构；运用学习的知识，自己动手发现一块化石（途中每 1 小时休息 15 分钟，交流心得）。

中午：约 12：00，登顶至黄石最高点，野炊，休息。

下午：2：00 至 3：30，开展化石素描大赛。在南岩峰顶一块产化石最为密集的石灰岩附近，每个人挑选一块小化石，把它的样子在小手册上描绘下来，比一比谁画的细节最丰富、最逼真。3：30 开始原路返回下山，听研学老师讲解海洋动物的化石如何被乾坤大挪移到了黄石的最高峰，理解海陆变迁的地质知识。5：00 出发返回黄石市区。

化石素描区

课程 5　物理化学真有用

地点

铜绿山古铜矿遗址。

主题

古人的智慧值得我们学习，而"学好数理化"，更是"走遍天下都不怕"。朴素的劳动过程往往是人们认识自然和改造自然的过程，科学文明也正是从最基本的动手实践中产生的。

活动安排

上午：约 9：00 抵达铜绿山遗址。参观矿坑遗址，听讲解初步了解古铜矿的生产过程；仔细观察古人在地下开掘的竖井和巷道。利用火柴棍和棉线，根据课本里学习的力学知识，搭建自己的支护结构，比一比谁的结构能承载更大的重量。

中午：约 12：00 午餐。

下午：参观冶炼遗址，了解古人冶炼的基本原理，根据课本里学习的化学知识，把冶炼的过程用化学式表达出来。开展团队拓展活动，在古铜矿遗址外的广场上寻找铜草花。4：30 活动结束，在学员中选择代表对夏令营作总结发言。5：00 启程返回。

铜绿山古铜矿遗址（图片源于网络）

三、研学评价

我们已经顺利地完成了本次研学活动，来为自己的表现打分吧！

	评价内容	自评结果
知识	认真听研学老师的讲解	☆ ☆ ☆
	理解岩石结构和构造的含义	☆ ☆ ☆
	了解地质图的图面要素，会大致读图	☆ ☆ ☆
技能	掌握罗盘的基本操作，会分辨方向	☆ ☆ ☆
	使用放大镜观察岩石特征，描述基本无误	☆ ☆ ☆
	发现和观察一枚化石，绘制它的外形	☆ ☆ ☆
品格	不畏艰苦，成功登顶	☆ ☆ ☆
	团结协作，友爱互助	☆ ☆ ☆
	遵守纪律，素质优良	☆ ☆ ☆